谁是我最好的朋友

李硕 编著

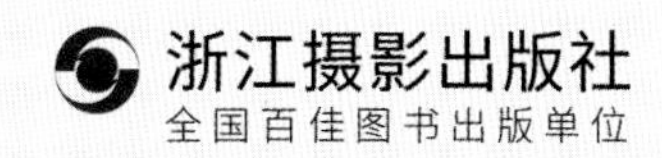

这一天，牙签鸟扑扇着翅膀，来到河边找鳄鱼玩。

鳄鱼张开嘴巴，问：“牙签鸟，你能帮我清洁一下牙齿吗？”

牙签鸟点点头，说：“没问题，我来帮你！”

说完，牙签鸟用嘴啄起了鳄鱼牙齿间的食物残渣。

“哎呀，牙签鸟，你怎么搞的？好疼啊！”鳄鱼生气地喊。

“鳄鱼，别嚷嚷！你要是想把牙齿弄干净，就得忍一忍！”牙签鸟恼火地说。

蚂蚁看到了这一幕，抬起头对鳄鱼和牙签鸟说：“好朋友要好好相处！就像我和蚜虫一样，我保护蚜虫的安全，蚜虫给我提供蜜露。我们是最好的朋友！”

听了蚂蚁的话，牙签鸟和鳄鱼都不以为然。

牙签鸟气呼呼地飞走了，鳄鱼头也不回地游开了。

牙签鸟开始寻找新朋友，它飞到了野牛的身旁。

“野牛，你身上有跳蚤，我来帮你抓吧！”牙签鸟说。

“没关系。牛椋鸟是我最好的朋友，它会来帮我抓的。”野牛甩了甩尾巴说。

果然，一只牛椋鸟飞了过来，把野牛身上的跳蚤一个个啄食干净。

鳄鱼不甘示弱，它游到了大海边，寻找新朋友。

沙滩上，有一只豆蟹在爬行。

鳄鱼热情地说：“豆蟹，我们来做最好的朋友吧！”

还没等豆蟹回应，旁边的海螺就抢着说：“鳄鱼快走开，我才是豆蟹最好的朋友！”

鳄鱼潜入水中，见到了可爱的小丑鱼。

鳄鱼热情地说：“小丑鱼，我们来做最好的朋友吧！”

小丑鱼飞快地游到海葵的身旁，笑着说：“不好意思，我最好的朋友是海葵！海葵能够为我提供庇护所，我也会帮它清理杂物，我们相处得很好。”

听了小丑鱼的话，鳄鱼十分沮丧。一整天都没进食的鳄鱼，饿得晕头转向。

这时，一群向导鱼朝它游了过来。

“食物来啦！”鳄鱼高兴地说。

当鳄鱼追赶向导鱼时，一条巨大的鲨鱼出现了。

“鳄鱼，不准欺负我最好的朋友！向导鱼常常帮助我清洁牙缝中的食物残屑，我要保护向导鱼的安全。”鲨鱼说。

找了一大圈，鳄鱼和牙签鸟又回到了河边。
它们对彼此说出了心里话，化解了之前的矛盾。
“鳄鱼，对不起，之前我对你太凶了！”牙签鸟说。
“牙签鸟，我的态度也不好，对不起！”鳄鱼说。

“鳄鱼，我来帮你清理牙齿吧！”牙签鸟拍拍翅膀说。

“好啊，谢谢你！”鳄鱼说着张开了嘴巴。

就这样，鳄鱼和牙签鸟和好了。从此，它们好好相处，成为彼此最好的朋友！

责任编辑　瞿昌林
责任校对　高余朵
责任印制　汪立峰

项目策划　北视国
装帧设计　太阳雨工作室

图书在版编目（CIP）数据

谁是我最好的朋友 / 李硕编著. -- 杭州 : 浙江摄影出版社, 2022.6
（神奇的动物朋友们）
ISBN 978-7-5514-3922-0

Ⅰ. ①谁… Ⅱ. ①李… Ⅲ. ①动物－少儿读物 Ⅳ. ① Q95-49

中国版本图书馆 CIP 数据核字 (2022) 第 069020 号

SHEI SHI WO ZUI HAO DE PENGYOU

谁是我最好的朋友

（神奇的动物朋友们）

李硕　编著

全国百佳图书出版单位
浙江摄影出版社出版发行
地址：杭州市体育场路 347 号
邮编：310006
电话：0571-85151082
网址：www.photo.zjcb.com
制版：北京市大观音堂鑫鑫国际图书音像有限公司
印刷：三河市天润建兴印务有限公司
开本：787mm×1092mm　1/12
印张：2.67
2022 年 6 月第 1 版　　2022 年 6 月第 1 次印刷
ISBN 978-7-5514-3922-0
定价：49.80 元